Projet de la Resolution
du fameux
PROBLEME
touchant
LA
LONGITUDE
SUR
MER

par
Leonard Christofle Sturm.

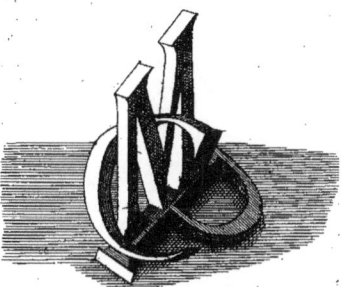

à Nuremberg,
chez Pierre Conrad Monath, 1720.

Avertissement.

UNe fatalité, qui afflige ma fortune, depuis trois ans, par la bonne direction de Dieu, m'a donné le grand avantage, de faire presque journellement quelque progrez dans l'Ecole de nôtre Maitre, & de gouter de plus en plus la douceur merveilleuse de l'amour divin sous l'amertume de la croix : mais elle n'a pas laissé d'y entremêler ce petit malheur, que les forces de mon esprit & de ma memoire s'en vont à grand pas en decadence. C'est pourquoi n'ayant conservé jusqu'à present mes petites Idées de l'invention de la Longitude sur Mer, que seulement dans l'esprit, j'ai resolu de les mettre en ecrit, & enfin de les donner au public. Car en cas, que Dieu me les eût données, & qu'elles fussent bonnes & praticables, je ferois injustice au public, quand je les laisserois perir avec moi, puis qu'il ne distribuë ses dons, que pour le bien public. Mais si elles n'etoient pas à pratiquer, & qu'elles ne descendissent que de mes propres forces d'esprit, je ferois injustice à moi même, demeurant volontairement dans une incertitude, ou une erreur, dont rien ne me delivreroit, que les sentiments desinteressés du public. Or il me pourroit arriver

dans

dans l'état où je me trouve, que je perdiffe fubitement le refte de mes forces. Je ne trouve donc aucune raifon de differer plus long temps mon propos.

Voilà donc la defcription de mes penfées, que j'ai pris la hardieffe de faire en françois, non obftant le peu de connoiffance & de pratique, que j'en ai. Il y a fans doute une grande quantité de ceux, qui feront curieux de lire cette defcription, & qui ne favent ni latin ni allemand. Ceux-cy ne fe foucieront pas de la beauté ou du peu de fublimité du ftile, pourveu qu'ils entendent bien la matiere. Il y a bien quelques circonftances particulieres dans cette defcription auffi bien que dans la Latine ou dans l'allemande, qui ne fe trouvent point dans les autres. Neanmoins chacune vous pourra donner une idée complete de la chofe dont il s'agit, & la difference de quelques circonftances fait feulement, que l'idée en devienne un peu plus diftinéte. Au refte comme je ne fuis tombé fur la methode de traiter par dialogues, que par hazard, & fans aucune raifon particuliere, je n'ai pas eû grand foin de bien exprimer le charactere des interlocuteurs. C'eft une faute qui fe pardonnera aifement, principalement, quand le Lecteur fera equitable, c'eft à dire, quand il ne cherchera dans ce petit traité que la verité.

Pré-

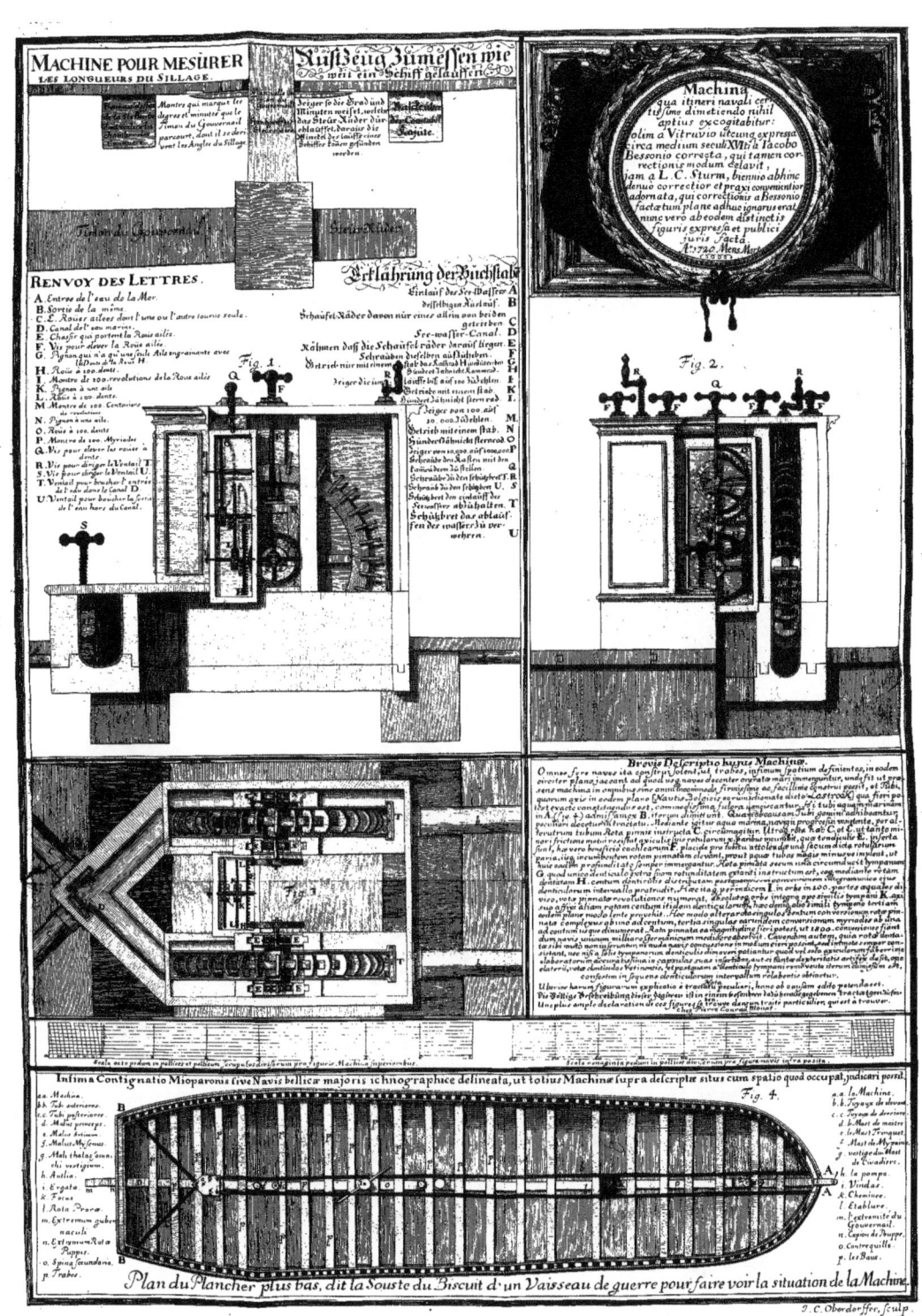

Premier Dialogue,

Où il est expliqué généralement ce que veut dire le Probleme.

Gent. Bonjour Monsieur.
Math. Monsieur vôtre serviteur.

G. Vous paroissés être fort surpris de ma visite. Et peut être que je trouble vos meditations?

M. Au contraire c'est un grand honneur pour moi d'être visité d'une personne de distinction. Mais cet honneur n'arrivant que fort rarement à des personnes de ma profession, il pourroit bien être, que d'abord il se seroit fait voir quelque confusion sur mon visage, malgré moi. Mais dites moi qu'y a-t-il pour vôtre service?

G. J'ai besoin de vôtre information en une chose qui s'est passé aujourdhui à la cour, & qui a donné occasion à mon Maître de se mocquer de moi, parce que toute la compagnie parlant d'une certaine question fit mine de discourir des choses fort familieres, dont je n'entendis pas un seul mot.

M. Et cela étant apparement une matiere tirée des Mathematiques, je suis bien heureux d'en entendre le contenu, parceque vous me faites l'honneur d'en demander mon sentiment. Car je ne comprends pas encore, comment Monseigneur vôtre Maître se pourroit faire un divertissement de vôtre ignorance dans les Mathematiques, puisqu'il fait bien, que vous ne les avés jamais apprises.

G. Nous êtions à table, où je coupai les viandes, & alors le pauvre Sturm passa par le Serain à cause de la Longitude, qu'il pretend, disoient ils, avoir trouver sur la Mer, bien qu'il s'en eut attiré bien de la prostitution. Moi,

A n'enn'entendant pas ce que c'est que trouver la Longitude, je n'y eus point d'attention, & mon Maître, qui fait lire les penſées d'autrui à ſes yeux, en demanda mon ſentiment. Jugés, Monſieur, quelle ait été ma confuſion, parce qu'il n'y avoit aucun moyen de cacher mon ignorance. Et tout d'un coup la raillerie ſe tourna vers le pauvre Ecuyer Tranchant, à l'inventeur de la Longitude, perſonne n'y penſoit plus. C'eſt pourquoi je viens pour apprendre de vous, qui étes fort habile Mathematicien, ce que veut dire trouver *la Longitude ſur la Mer*. Auſſi me ſaurez vous avertir de ce que Sturm a fait dans ce chapître là, car on m'a dit, qu'il y avoit une etroite amitié entre vous.

M. Je ſuis perſuadé, ſi Sturm avoit eu le bonheur d'y être preſent, que la raillerie ne ſeroit pas allé ſi loin, & même je ne comprends nullement, de quel coté il ſe ſoit attiré aucun deshonneur. Le ſujet de ſon invention eſt d'auſſi grande difficulté que de conſequence. Mille habiles gens y ont emploié tous leurs efforts. Mais ne touchant pas le blanc, perſonne ne s'eſt aviſé de les en blâmer. C'étoit juſtement, lors que le Roi d'Angleterre partoit de Hannovre, pour aller prendre poſſeſſion de la couronne, que Sturm trouva ſes deſſeins, ce que lui donna matiere de faire imprimer une lettre de gratulation pour ſa Majeſté, & de lui offrir en même tems ſon invention ſur du ſatin blanc brodé d'or. Mais n'ayant aucune connoiſſance dans cette cour là, tant s'en faut qu'il eut eu quelque Patron, par la faveur duquel il eut pû faire inſinuer ſon pacquet, il l'a addreſſé immediatement à ſa Majeſté, le recommendant de ſon mieux à la Poſte de Hannovre. Toutefois il n'en a eu aucune reponſe, & il ne ſait pas même ce qu'eſt devenu ſon pacquet, voilà toute l'affaire, qu'y a-t-il donc, que l'on pourroit nommer à bon droit une proſtitution? L'invention d'elle même ne pouvoit faire honte à ſon Auteur, parcequ'elle eſt encore ſecrette.

G. Peut

G. Peutêtre n'a-t-on rien trouvé à son offerte, qui merite une responfe.

M. La raison de presumer d'un homme, qui a maintenu publiquement la reputation de ses sciences, il y a deja long tems, qu'il ôsat offrir à un Roi une invention aussi meprisable, qu'elle ne merite pas la moindre reflexion? Mais supposons cela, n'auroit il pas au moins merité les mêmes egards, que l'on a pour les Poëtes, qui font depense à proportion de leur pauvreté, pour feliciter les grands Seigneurs par des ecrits publics. C'est pourquoi je ne crois pas, que sa Majesté ait vû son ecrit. Outre cela, comment pouvoir trouver son invention indigne d'aucune consideration, puisqu'il n'en a pas encore fait la decouverte?

G. Au moins il a fait connoitre, qu'elle consiste dans une machine. Peutêtre y a-t-il quelque absurdité d'oser trouver la Longitude moiennant une machine, comme on se feroit ridicule, en offrant une machine pour guerir la fievre.

M. Pardonnés moi, Monsieur, trouvés vous bien juste de faire des presomtions de la sorte à des personnes, qui ne sont pas entierement foles ou idiotes? si vous saviés ce que veut dire l'invention de la Longitude, vous jugeriés vous même qu'il n'y a point d'autres moyens, dont on se puisse promettre plus surement la solution de ce probleme là, qu'une machine. Jugés donc, je vous en prie, si ces Messieurs là ne devoient pas plûtôt avoir honte d'avoir decidé en presence d'un Prince sur une machine, dont ils ne savent pas la construction.

G. Je vous auray Monsieur, une obligation infinie, si vous vouliés bien prendre la peine de me faire un peu le detail de cette affaire, pourvuqu'il soit possible de la comprendre sans la connoissance des Mathematiques.

M. Je feray trés volontiers tout mon possible pour vous satisfaire, à condition neanmoins, que vous ayés patience deux ou trois heures.

G. Trés-volontiers, & encore d'avantage, s'il vous le trovés à propos, expliqués moi s'il vous plait ce que c'est, dont il est principalement question.

M. Les Puissances maritimes souhaitent d'avoir un moyen praticable & asuré, par lequel les Capitaines de leurs Vaisseaux puissent tousjours à peu prés savoir en quel endroit du monde ils se trouvent, & combien ils se sont eloignez de l'un ou de l'autre lieu connû, soit vers le Septentrion vers le Midi, vers l'Orient ou vers l'Occident, non obstant qu'ils ayent perdu, par un orage, mâts & voiles, & qu'ils se mettent à la merci des vents & des vagues.

G. Je n'ai pas entendu parler de cela, mais plûtôt de la Ligne du premier Meridien & d'autres galimatias de cette sorte. Quelle relation ont ces termes à cette affaire là?

M. Vous savés sans doute, que le grand Ocean & le Continent composent ensemble un globe, dont le circuit est de 5400 miles communes d'Allemagne, ou 9000 lieuës de France.

G. J'ay entendu de plusieurs personnes que le monde represente un globe exact, & que tous les gens d'esprit en sont persuadés, quel moien donc d'en douter?

M. On s'imagine donc un grand cercle decrit par le milieu de ce globe, justement de l'Occident vers l'Orient, qui passe par tous les endroits du monde, ou le soleil au jour de l'equinoxe passe justement de l'Orient au dessus des têtes des hommes, de sorte qu'ils font l'ombre le matin tout droit vers l'Occident, & aprés Midi vers l'Orient, & au Midi ils n'en font point du tout. Ce cercle porte parmi les Mariniers le nom de *Ligne*, & se designe dans

la

la mapemonde par des lignes droites tirées tout proche l'une de l'autre, & divifées en 360. parties, diftinguées de noir & de blanc. Semblablement on s'imagine un autre grand cercle tiré du Septentrion au Midi, & paffant par l'Ocean entre les anciennes parties du monde, c'eft à dire entre l'Europe l'Afie & Afrique de l'un, & entre le nouveau monde, c'eft à dire l'Amerique de l'autre côté. Celui-cy fe nomme *le premier Meridien*. Le cercle a double trait, divifé en 360. parties egales, la moitié blanches, la moitié noires, que vous trouvés dans la mappemonde, decrites auffi bien autour des dites anciennes parties du monde, qu'autour de l'Amerique, & reprefente de coté & d'autre le même premier Meridien.

G. Le terme de *Longitude* que fignifie-t-il?

M. Pour l'entendre il faut que vous vous imaginiés encore un autre Meridien, c'eft à dire un autre cercle decrit autour de la Terre, du Septentrion par deffus vôtre téte tout droit vers le Midi; qui, comme le premier meridien, paffe en deux endroits au travers de *la Ligne*. Or le nombre des parties ou degrez de *la Ligne*, qui fe trouvent entre *le Premier* & entre vôtre *Meridien*, s'apelle *la Longitude* de vous ou de l'endroit ou vous êtes. Et fi vous contez le nombre de ces degrez, qui fe trouvent entre vous & *la Ligne* dans votre Meridien, cela s'apelle vôtre *Latitude*.

G. Quand ces degrez font d'une grandeur egale par tout, & qu'il y en a 360. en chaque cercle de la terre, la mefure de chaque degré comprend 15. miles, car quinze fois 360. font 5400., & c'eft le circuit, que vous dites, de toute la Terre.

M. Vôtre calcul eft trés jufte, & vous femblez favoir l'Arithmetique en perfection.

G. Encore un coup. Trouver la Longitude & determiner l'endroit de la Mer, que tient un Vaiffeau, peut il bien paffer pour la même chofe?

M. Pour-

M. Pourvûque le ciel foit clair, on peut trouver moiennant quelques operations Aftronomiques, combien le Vaiffeau eft eloigné de la Ligne vers le midi ou vers le feptentrion. Si l'on pouvoit trouver de la même maniere combien il y a de degrez entre le meridien du vaiffeau & le premier Meridien, il feroit trés facile de fixer dans une mappemonde ou fur une autre Carte le point ou fe trouve le vaiffeau. Au contraire aiant determiné par quelque autre methode le point du vaiffeau dans la meme carte, la Longitude & la Latitude fe trouvent aifement.

G. Je comprens à cette heure trés bien, à ce qu'il me femble toute l'affaire.

M. Vous en tirerés donc la confequence qu'il y a deux chemins pour refoudre le probleme, l'un, quand on cherche une methode pour trouver la longitude immediatement, c'eft à dire de favoir par quelque moyen, la diftance du lieu où je me trouve fur mer du premier meridien, en degrez & minutes, & par confequent, la Latitude etant par tout aifement à connoître, d'en indiquer au jufte la place fur une carte : L'autre, quand on cherche une methode pour connoître premierement le veritable endroit du navire, ou de favoir par quelque moyen, combien de miles, en chemin faifant, il eft eloigné du lieu de fon depart vers l'Orient ou l'Occident & par confequent, fa fituation par rapport au feptentrion & au midi tout affés raifonnable d'en conclure la longitude, ou la diftance du premier meridien. Il y a toujours des Mathematiciens, qui fe font uniquement attachés au premier chemin que l'on pourroit appeller le chemin Aftronomique fans fe mettre en peine de l'autre, & d'autres qui aiment mieux effayer l'autre que l'on pourroit appeller le chemin geometrique, fans travailler au premier. Mais jufqu'à prefent ni les uns ni les autres n'ont reuffi dans leurs recherches.

G. Quel-

G. Quel parti en prenés vous :

M. Je me suis tousjours senti plus d'inclination pour le deuxième, parce que le premier me paroit un peu epuisé, mais dans l'autre je trouve encore des affaires de reste.

G. Je brûle de desir d'entendre l'histoire de l'une & de l'autre parti. Toutefois je trouve mieux de ne vous incommoder plus aujourdhuy, & qu'il faut que je m'en aille au Logis pour repasser les susdites choses dans l'esprit, & demain, s'il vous plait, je reviendray.

M. Comme il vous plaira, Monsieur, je suis, tousjours à vôtre service.

Deuxiéme Dialogue,

Où il s'agit des moiens pour trouver la Longitude, & par là le lieu du vaisseau dans la Mer.

G. HE bien, Monsieur, je suis venu pour avancer dans nôtre Probleme, dites moy donc, pourquoi presumés vous, que tout soit epuisé dans la recherche immediate de la Longitude?

M. Pour vous le faire comprendre, il faut que je commence mon discours un peu de loin: On trouve la Latitude sans grande difficulté, parce qu'il n'y a aucun mouvement ni de la Terre, ni du ciel du septentrion vers le midi, ni du midi vers le septentrion. S'il y a donc deux observateurs en differents endroits, savoir l'un plus eloigné du Septentrion vers le midi que l'autre, qui tous deux mesûrent l'elevation d'un même point fixe dans le ciel au dessus de l'horizont, il faut necessairement, qu'ils trouvent la hauteur differente.

G. J'en-

G. J'entens cela & il me semble que celui qui s'approche plus du septentrion, trouve une elevation plus haute que l'autre.

M. Vous raisonnez trés-bien, aussi remarquerés vous sans doute, qu'il y a toûjours la même proportion de ces differences aux differences de l'eloignement d'un observateur à l'autre.

G. Sans doute puisque la Terre est un globe, c'est à dire un plan egal & uniforme. Car j'ai appris, que nos montagnes ne sont rien en consideration de la hauteur immense du ciel.

M. Eh Monsieur, vous parlés en Mathematicen. Il n'y a donc nulle difficulté de vous faire comprendre, qu'il n'y auroit plus grande difficulté de trouver les longitudes, s'il y avoit la même constitution du ciel de l'Orient vers l'Occident.

G. Quels obstacles y a-t-il donc?

M. Tout y est contraire, parce qu'il ne s'y trouve aucun point fixe, ni la terre ni le ciel ne s'y reposant jamais, & même ces mouvements n'ont que trés peu de rapport l'un à l'autre.

G. Mais hier vous avés dit, que plusieurs habiles hommes ont tâché de trouver la Longitude. Quelle raison pouvoient ils avoir, puisque vous venés d'en montrer si clairement l'impossibilité.

M. C'est le mouvement, que fait la terre journellement (se tournant comme une roüe autour de son essieu, & revenant justement aprés 24. heures sur ses pas) qui leur a donné l'esperance de venir à bout de leur dessein, vû que pendant chaque heure quinze degrés de la Ligne passent par le meridien de chaque lieu, dont il est evident qu', au moment qu'un certain lieu à midi, un autre en étant eloigné quinze dégrés vers l'orient, a passé le midi il y a deja
une

une heure, & un autre en étant eloigné quinze degrés vers l'Occident, n'a le midi qu'une heure aprés. C'est pourquoi si, étant dans la mer, je savois quelle heure il étoit dans la ville, où j'ai fait le commencement de mon voiage, je pourrois savoir au même moment, combien le lieu, où je me trouve en vaisseau, est plus ou moins eloigné du premier meridien, que celui d'où j'ai commencé mon voiage.

G. Comment cela se feroit-il?

M. L'on peut en chaque lieu, moiennant une observation du soleil ou d'une etoile, trouver quelle heure il est. Si donc, étant parti d'Amsterdam, & en étant fort eloigné dans la mer, j'y trouvois trois heures aprés midi, par une observation du Soleil, & que je sûsse, que dans le même moment il ne fût à Amsterdam qu'une heure aprés midi, je saurois infailliblement, que je suis plus eloigné de trente degrés du premier Meridien que la Ville d'Amsterdam. Et si en même tems j'avois trouvé par la même observation, que je me trouve à 42. degrés de la ligne vers le Midi, je saurois, que je ne suis pas loin du Cap de bonne esperence.

G. Vous vous moqués de moi. Car de la sorte le Probleme de trouver la Longitude seroit parfaitement resolu, puisqu'il se fabrique presentement en Angleterre des Horloges à roüe en si grande perfection, qu'ils ne different pas une minute du cours du Soleil pendant un an entier.

M. Ce que vous venés de me dire n'est pas une nouvelle. Il y a plus de cinquante ans que le Sr. de Huygens, grand homme en fait de Mathematiques, en a fait faire d'aussi bonnes, que ceux qui se font presentement en Angleterre. Il est même l'Inventeur de cette correction des horloges & des montres, quoique je ne dispute pas aux Anglois la gloire de quelques belles additions. Et peutêtre ne favés vous pas encore, que depuis ce tems là on a taché d'accommoder cette forte d'horloges à pendule tout exprés à l'ufage des vaiffeaux.

G. Les Horloges donc, qui font prefentement en ufage dans nos Cabinets, ne font elles pas auffi commodes pour les vaiffeaux?

M. Vous en ferez d'accord pour peu de reflexions qu'il vous plaira d'y faire, car vous favés fans doute avec quel foin & avec quelle juftesse il faut mêttre les horloges dans les cabinets, afinque rien ne les puiffe ebranler, ni les mêttre hors de leur à plomb. Les navires au contraire font tousjours fujets non feulement à des branlements continuels, mais auffi quelques fois à des fecoüements fort rudes.

G. Vous avés raifon & je n'y fongeois pas.

M. Neanmoins on a trouvé des mojens pour les faire pendre librement dans un continuel equilibre, l'on a fait une maniere de pendules propres aux vaiffeaux, on les a fait même de la forte, qu'il ne les faut monter que feulement une fois par an, & qu'elles ne montrent pas les heures egales, mais plutôt inegales, à la mefure des heures, que fait le Soleil par fon cours. En un môt, il ne manque plus rien à la derniere perfection, dont cette forte de machines eft capable.

G. Quels obftacles y a-t-il donc, qu'elles ne fervent pas bien les vaiffeaux?

M. Les mouvements de ceux-cy, qui font d'une varieté prefque infinie, & les changements de l'air & des faifons ne traverfent pas peu le mouvement egal de l'horloge, & quelques fois ils s'interrompent entierement: De plus la longueur du pendule, qui fait le mouvement des roües fort exactement dans un endroit, le fait en d'autres trop lent, en d'autres trop vîte, & bien que la

diffe-

difference n' importe pas beaucoup en d' autres affaires, elle ne laisse pourtant point de rendre la recherche des longitudes fort incertaine.

G. Je n' aurois jamais crû, qu' il y eut autant à remarquer dans cette affaire là, & je ne m' etonne plus, que tant d' habiles gens y ayent travaillé en vain. Aussi ne prendrai-je pas en mauvaise part, si vôtre ami n' y reussit pas non plus. Toute fois je vous prie de poursuivre l' histoire des essais faits en faveur de nôtre probleme.

M Vous savés sans doute des Eclipses de la Lune & du Soleil, qu' elles se predisent long tems avant qu' elles arrivent.

G. Oui, & j' ai vû que les minutes de l' evenement s' accordent avec la prediction des Almanacs.

M. Il en est de même des autres phenomenes celestes, par exemple, quand la Lune passe fort prés, ou au dessous d' une étoile.

G. Un certain homme de consideration m' a fait croire, que la belle etoile, qui se nomme Jupiter est un globe beaucoup plus grand, que le monde, mais d' ailleurs fort semblable, & qu' il est environné de quatre Lunes, & que les Eclipses de ces Lunes y sont si frequentes, que l' on en peut voir plusieurs chez nous chaque semaine moiennant un bon telescope.

M. Il est vray, & on en prognostique quelques unes de même que celles de la nôtre.

G. En pourroit-on tirer quelque mojen pour decouvrir les Longitudes?

M. D' abord il y avoit grande aparence, mais en examinant la chose un peu avec rigueur, il est manifeste, que c' est fort peu de chose, que l' on en peut profiter.

G. Dites moi, je vous prie, la raison de cela.

M. Les Eclipses de Lune ont beaucoup plus d'exactitude & de facilité que tous les autres phenomenes, aussi bien dans le calcul, que dans les observations. Neanmoins quand il y a deux observateurs des plus habiles du monde, l'un, par exemple, à Paris ou à Londres, & l'autre à Malacca aux Indes Orientales, tous deux pourvûs d'un excellent appareil d'instruments & de Telescopes, toutefois aiant observé la même Eclipse de Lune aussi soigneusement qu'il est possible, & en derivant aussi la Longitude de Malacca, ils ne se peuvent pas entierement fier à leur deduction, si ce n'est, aprés avoir eu encore une autre observation d'une autre Eclipse de part & d'autre, qu'ils en produissent la même valeur de la Longitude. Jugés donc, Monsieur, quelle exactitude on se peut promêttre d'une seule observation faite dans un vaisseau au milieu de l'Ocean avec le pauvre ménage des instruments, que l'on y peut avoir. Mais supposons, que de telles observations navales, nous puissent entierement satisfaire, quel avantage en tirera-t-on ? puisqu'il n'y a par an que deux Eclipses de Lune, dont la pluspart ne se peut pas observer. Pour tous les autres phenomenes celestes, ni le calcul ni les observations ne sont pas si justes que nôtre Probleme le requiert. Cependant si le calcul manque d'une heure, il peut bien causer, en question des Longitudes, une faute de 225. miles. Le calcul des petites Lunes de Jupiter pourroit un jour devenir si exact, que celuy de la nôtre, mais l'observation en est impracticable sur un vaisseau, dans la Mer, parce qu'on ne la sauroit faire sans de fort grands telescopes, dont il n'y a nul usage dans les vaisseaux.

G. Etant fort porté envers les Observations Astronomiques, dont un certain Astronome, qui est un fort honnête homme, m'a fait mille contes plaisants & merveil-

Problème de la Longitude.

veilleux, j'en avois attendu quelque invention singuliere, mais voicy mon esperance entierement détruite.

M. Toute fois je ne laisserai pas de vous racconter encor une pensée sur ce chapître là. Un certain Anglois ayant inventé de nouveaux Instruments, pour faire des observations celestes sur les vaisseaux, pretendit, il y a trois ans, pouvoir trouver les Longitudes moienant ces dits instruments ; Il en fit imprimer un Livre à Londres l'an 1715. sous la masque d'un Professeur Venitien, nommé Alimari & le dedia aux Seigneurs les Deputez pour les affaires de la marine, & principalement pour ceux, qui concernent la perfection de la navigation. On a pourtant sujet de croire, qu'il na pas reüssi dans son offerte, parce qu'elle n'auroit pas laissé d'eclater davantage, si elle avoit eü de l'approbation. Les avis parlent d'une nouvelle offerte, qu'il vienne de faire, mais je n'en sai aucune particularité. Peut étre en aurons nous bien-tôt, comme aussi d'une autre semblable invention d, un Allemand surnommé Rascher, qu'il a presenté, dit on, à Mess. les Estats de Hollande.

G. On se fatigue peu à peu d'entendre des inventions, qui se presentent en parade, & s'en retournent à la sourdine. En avéz vous encore ?

M. J'aurois encore quélque chose à vous dire de la methode commune, qui appartient moitié à la premiere, moitié à la seconde classe des solutions de nôtre probleme, dans la quelle beaucoup d'Arithmeticiens ont bien exercé leurs sinus & Tangentes, comme aussi quelques Maîtres d'Algebre, leurs x & dx. Mais je ne saurois me dispenser de parler des Loxodromies, des côtés mecodynamiques, des Angles, des Meridiens, des Cercles de Position de Rumbs &c. termes à ennuyer bientôt les gens de peu de patience, & enfin vous en aurés le resultat, qu'il n'y a rien à faire.

B 3   G. C'est

G. C'eſt déja aſſez. Cependant, Meſſieurs les Mathematicens, je m'etonne de vôtre patience & de ce que vous vous amuſez à ces bagatelles là.

M. Pardonnez moi, Monſieur. Vous nous faites tort en traitant en bagatelles ces choſes ſi ingenieuſes & ſi utiles. Sans comparaiſon, un pourceau s'étonne peutêtre de la patience d'un ecurieu, quand il caſſe des noix. Mais celui ci mange de doux noyaux pendant que celui là engloutit de l'ordure.

G. Voila mes bagatelles bien payées, mais non obſtant cela, je ne manquerai point de revenir vous incommoder demain. Je ſuis vôtre ſerviteur juſqu'à revoir.

M. Monſieur je ſuis le vôtre. Mais je vous prie, de ne prendre pas en meauvaiſe part, qu'un Mathematicien s'eſt emancipé de dire ſes penſées trop nettement. C'eſt que nous ſommes acoutumés de nous ſervir touſjours de la regle, & de faire preſque tout à Ligne droite. Nous nous ſervons ſouvent des complements, mais rarement, des compliments. Au reſte, j'aurai touſjours un grand plaiſir de vous voir & de vous ſervir chez moi.

Troiſieme Dialogue,

Où ſe traite encore le ſujet du Dialogue precedent.

G. Bonjour Monſieur. Me voicy pour ſavoir quelles noix il vous plaira de me donner à caſſer aujourdhuy. Mais à propos. En ſortant de chez vous je rencontrai hier une compagnie de mes amis, qui alloient traiter un jeune gentilhomme, qui vient d'achever ſes voiages, ils me prirent avec eux. Ce Monſieur, le nouveau venú, ſe mit à nous faire mille contes de ſes navigations, dont

Probleme de la Longitude.

le discours tomba sur l'invention de la Longitude. Il pretendit bien savoir ce que c'est que la Loxodromie & disoit des miracles de la declinaison de l'aiman. Je repondis qu'il y avoit dans cette ville un Professeur de Mathematiques, qui faisoit peu de cas de la Loxodromie, quand il est question de trouver la Longitude. Il se mit à rire, en disant : peutêre ne connoit-il pas la chose, & pour ne passer pour ignorant, il l'a meprisé envers ceux qui n'en savent rien non plus.

M. J'avoüe Monsieur, que je ne me suis jamais trop appliqué à etudier la Geographie, l'Astronomie & l'Art de naviguer: Toute fois je suis assuré, que ce jeune Seigneur là en sait beaucop moins, son jugement, que vous venés de reciter, m'en donne une preuve infaillible. Aiés la bonté de l'ammener demain, & voions s'il parlera encore d'un ton si haut.

G. Je l'en ai deja prié mais il s'en est excusé d'une maniere si froide, qu'il a fait voire son foible à toute la compagnie. Mais laissez le, pour me faire le plaisir, (parceque vous n'avez rien encore dit de l'ayman,) de m'en instruire un peu, & de me faire comprendre la Loxodromie, autant qu'il sera possible.

M. Je ne manquerai pas de faire tous mes efforts, pour vous donner toute la satisfaction possible. Vous savés sans doute, que l'aiman est le principal guide des mariniers.

G. C'est ce que j'ai souvent entendu, mais je n'en saurois dire aucune raison. J'ai eté moi même en vaisseau, allant en Suede & de là en Angleterre, & j'ai regardé plusieures fois la boussole, mais n'aiant jamais osé en demander la construction au pilote.

M. C'est la honte ordinaire de Messieurs les jeunes passagers de faire mine d'être savant en toute chose, & d'etre bien sur leurs gardes de ne rien demander, de peur, de trahir eux mêmes leur ignorance.

G. C'est

G. C'est la verité, mais je n'ay garde il y a déja long tems d'avoir une honte aussi impertinante, ayant apris peu à peu quelles sont les choses, qu'il est honteux de demander, & je sai que l'aiman n'est point de ce nombre, c'est pourquoy je vous prie de m'avertir de son usage dans la navigation.

M. Vous me demandés une chose de grande étenduë, dont je ne suis que trés mediocrement informé. Neanmoins je ne manquerai pas de vous en dire autant, qu'il est necessaire pour en pouvoir parler en galant homme. L'aiman est une pierre brune (quelques fois grisâtre, qui n'est pourtant pas des meilleurs.) Il se tire des mines de fer, une pierre des plus vilaines en son exterieur, qui ne laisse pourtant pas de surpasser toutes les autres en vertu. C'est la vraie devise d'un veritable chrêtien. Il a toûjours deux points vis à vis l'un de l'autre, qu'on nomme poles. Faites le nager sur de l'eau mojennant une petite nasselle, & vous verrés comment ce pilote dirigera toûjours son vaisseau de la sorte, que l'un de ses poles regarde le Septentrion, de quel coté que vous l'aiez tourné, vous connoissés les aiguilles d'acier mince en forme de flêche dans les cadrans, qui tournent toujours la pointe vers le Septentrion, ce qu'elles font, comme vous savés, par la vertu de l'aiman. Faites vous en faire une semblable aiguille, qui, étant posée sur son pivot, tient exactement un equilibre, elle ne se tourne pas d'elle même vers le Septentrion. Mais frotés la tout doucement, au pole Septentrional, de l'aiman, & le tirez seulement une fois du milieu, jusqu'à un bout, tenez l'y quelques moments, & alors vous verrés que l'autre bout, qui n'a pas été froté, ne se tournera pas vers le Nord, mais qu'il s'abaissera pour quitter son equilibre.

G. Y-a-t-il peut être une telle aiguille au dessous de la Rose de la Boussole nautique, & n'est elle pas la cause que celle-cy tourne constamment vers le Nord?

M. Oui.

M. Oui, il y en a, mais d'une autre façon, car elle se forme par deux arcs, qui sont liés au milieu par une petite lame de fer, moïennant laquelle l'aiguille se pose sur le pivot, & ces deux arcs s'abboutissent de coté & d'autre dans une pointe. Mais il se trouve une grande difficulté dans cette Boussole, parce que l'aiguille ne tourne pas la ligne du Nord justement vers le Septentrion, mais qu'elle l'en detourne quelques degrés vers l'Orient ou vers l'Occident.

G. Il ne faudroit donc pas mêttre les pointes de l'aiguille sous la ligne du Nord, mais plûtot au dessous d'une autre qui declinât autant de degrés vers l'Orient ou vers l'Occident, que l'aiguille même.

M. Si la declinaison de l'aiman étoit la même, toûjours & en tous les endroits du monde, le conseil que vous venés de donner, ne seroit que trés-utile. Mais en de differents endroits il y a une differente mesure de la declinaison, & en quelques uns il n'y en a point du tout. Et voila ce qui est le pire, c'est que la declinaison ne conserve pas une mesure constante dans le même endroit. Non obstant cela des habiles Mathematiciens aussibien que des trés experimentés mariniers se sont donné beaucoup de peine pour trouver de cette chose, qui embarasse la navigation plus qu'aucune autre, un moien de la rendre parfaite au dernier point. C'est à dire, pour trouver les Longitudes sur Mer.

G. L'on dit, qu'il y a plus de trois cens ans que l'aiguille aimantée est en usage dans la navigation, & on a raison de s'etonner, de ce que la connoissance de cette seule pierre n'est pas encore assés epuisée, pour dire avec assurance quels avantages on en peut tirer.

M. Si vous saviés toutes les difficultés qui se trouvent dans cette recherche vous n'en seriez pas surpris sans doute. 1. Il faut choisir pour chaque observation de la declinaison de l'aiman un jour bien clair avant midi & aprés, dans lequel

lequel le foleil au moins vers les neuf heures du matin, & un peu aprés trois heures, aprés midi n' a point de refraction fenfible. 2. Il la faut obferver dans une place fort tranquille, fans ebranlement. 3. Il faut obferver dans touts le ports, & repeter cela une fois au moins de quatre à quatre ans, & vû que le voifinage de la terre ferme contribüe beaucoup à la variation de l'aiman, il la faut 4. auffi obferver en beaucoup d'endroits fur la mer loin des terres, & cela auffi par les periodes de quatre ou cinq ans dans les mêmes endroits, ou il y a pourtant une fort grande difficulté de bien obferver. Cependant 5. il ne fe trouve que rarement des perfonnes fur la mer, qui ayent affés de pratique ou de favoir pour faire cela. Un grand Mathematicien Anglois, fort habile dans cette forte de pratiques, Monfr. Halley, a pris beaucoup de peine, voyageant presque par toute la mer oceane, pour obtenir un ordre certain & quafi un fyfteme de la declinaifon de l'aiman, & il crut même à la fin, qu'il avoit bien reuffi. Mais à peine pouvoit il publier fes penfées, que les françois lui avoient fait des objections, qui ne font pas meprifables.

G. Il femble donc, que vous defefperés auffi de trouver en cela quelque avantage reel pour nôtre probleme?

M. Vous l'avés deviné. Cependant il fe trouve quelqu'un, qui, concedant, qu'il y a une variation infinie dans la declinaifon de l'aiman, auffi bien que dans fon inclinaifon, ne s'en rebute pourtant pas, de chercher par cette incertitude même une methode certaine de trouver la Longitude.

G. Eft-il poffible ? pourquoy ne battent ils pas les eaux, qu'il en forte du feu ? mais de quelle maniere cela fe fait-il?

M. Suppofant qu'aucun endroit du monde ne convienne avec un autre dans la declinaifon & l'inclinaifon de l'aiman pris enfemble, il s'en fuit qu'il en puiffe naître un
catalo-

catalogue, de la difference des endroits ſelon la declinaiſon & l'inclinaiſon de l'aiman, moiennant lequel, ſi la declinaiſon, & l'inclinaiſon s'obſervoit dans un endroit de la mer, l'on puiſſe deviner le voiſinage d'un autre endroit connû.

G. Ce ſera pour rire, mais qu'ils s'en aillent avec leurs chimeres. Mais dites moi plûtôt s'il n'ét pas poſſible de faire des aiguilles aimantées, qui ne declinent en aucun endroit.

M. Ce ſeroit ſans doute une invention de conſequence, qui ne laiſſeroit pas de donner beaucoup de facilité & de perfection à l'art de naviguer, mais elle ne ſerviroit pourtant pas directement à l'invention de la Longitude. En effet quelques uns ſe ſont auſſi embarqués dans cette entrepriſe il y a deja long tems, qui n'ont pourtant pas été plus heureux, à ce que je ſai, que les autres. Je connois un faiſeur d'Inſtruments de mathematiques fort habile, qui m'ecrivit, il y a environ ſix ans, qu'il avoit fabriqué une aiguille, dont la partie auſtrale s'etoit aboutie quaſi en deux petites cornes, qu'il avoit touchées de l'aiman toutes deux ſeparement. Il aſſuroit que cette aiguille n'a eu aucune declinaiſon, bienque les ordinaires y declinent notablement. Il l'a même experimentée, à ce qu'il dit, en d'autres endroits fort eloignés l'un de l'autre en aiant touſjours trouvé le même effet, l'on m'a dit, qu'il a depuis été en Hollande, pour y offrir cette invention. Cependant perſonne n'en dit plus rien, il y a deja quatre ou cinq ans, dont il ſe conclût aiſement, qu'elle n'a pas eté ſoutenuë par une epreuve rigoureuſe.

G. Voici donc aneanti auſſi le grand myſtere de nôtre bon paſſager, que deviendra donc ſa Loxodromie? dites moi, je vous prie, qu'eſt ce que c'eſt cette Loxodromie?

M. Elle n'eſt pas proprement une methode pour trouver la Longitude, mais plûtôt une methode de naviguer,

dont

dont il y a trois differentes, la droite, la loxodromique & la circulaire, qui ont toutes trois ce defaut commun, que l'on ne fait pas encore mefurer juftement la longueur & les angles du Sillage, ou que l'on ne fait pas trouver la longitude.

G. C'eft affurement une fort belle curiofité, que de favoir bien parler des methodes de naviguer, vous me feriez donc beaucoup de plaifir, fi vous vouliés bien prendre la peine, de me les expliquer.

M. Je n'en ai même qu'une teinture trés legere, ne fachant bien expliquer ce peu que j'en connois, fans les principes de la Geometrie, de la Geographie & de l'Aftronomie.

G. Eh dites moi feulement un tant foit peu qui ne requiert pas abfolument la connoiffance des dites difciplines.

M. Quelques Pilotes dirigent leur cours uniquement felon les cartes maritimes, dans les quelles la Rofe de Rumbs fe peint en differents endroits, & les lignes des Rumbs droitement continuées y traverfent de differentes manieres comme vous voyés dans la carte prefente. Or quand le Pilote a choifi un certain Rumb, en dirigeant fon cours tousjours après lui, fon vaiffeau ne fait pas actuellement une ligne droite, come celle dans la carte, mais plûtôt une ligne courbe, & une maniere de fpirale, qui s'aboutiroit à la fin dans le pole, fi on la pouvoit tousjours continuer. Cette ligne fe nomme *Loxodromique* en Grec, ce que fignifie *courante obliquement*. Or ces pilotes là, qui ne fe foucient pas de la courbure de la ligne, par là quelle marche leur Vaiffeau, mais la confiderent comme une droite, fe fervant de la methode, qui fe nomme *la droite* ou *la plane*. Mais d'autres, qui font plus habiles, & plus rares, ont egard à la dite courbure du chemin de leur vaiffeau, fe fervant de la methode difficile, qui fe nomme la Loxodromique. Mais il y a encore la troi-

fieme,

ſteme, qui eſt la plus difficile, mais auſſi la plus fondamentale. Il y a des mariniers qui la blâment, comme plus propre pour les cabinets des Pedants, que pour la pratique ſur la mer. Elle ne ſe ſert pas conſtamment d'un même Rumb, mais elle les change continuellement, de ſorte que le vaiſſeau marche touſjours ſous un certain cercle, que l'on s'imagine comme tiré par le milieu de la terre ou du ciel par deſſus le vaiſſeau & l'endroit ou l'on va ce qu'on nomme *cercle de Poſition*. Mais je n'en ſaurois parler avec plus de clarté & de diſtinction, ſans entrer dans le detail des Mathematiques.

G. Je comprens à cette heure, qu'elle eſt hors la portée de mon eſprit, & je me repens de n'y avoir pas ajouté foi d'abord que vous me le diſiez. Je nous aurois au moins épargné quelque tems. Cependant j'eſpere, que vous n'en ſerés point rebuté. Dites moi donc s'il vous plait Monſieur des methodes que l'on a pour meſurer & pour decrire le ſillage des vaiſſeaux.

M. Trés volontjers, mais vous me pardonnerés, ſi cela ne ſe peut faire aujourd'hui, parce qu'une autre affaire me preſſe preſentement, demain je ſerai tout à vous.

Quatriéme Dialogue

Des Moiens, dont on ſe ſert pour trouver le lieu d'un vaiſſeau ſur la mer, & pour en deriver la Longitude & la Latitude.

G UN certain ami m'aſſura hier que Sturm ne fait plus aucun ſecret de ſon invention, & que vous l'avez reçu de lui, il y a deja long tems.

M. C'eſt la verité, & s'il vous plait, je vous en dirai la raiſon. G. Vous

G. Vous me ferés plaisir.

M. Il a remarqué quelques traces de ses pensées en d'autres autheurs. L'un d'eux lui sembloit avoir eu la même invention de la machine qui fait la principale partie de la sienne. L'autre en touchoit une autre partie, mais pas de si prés. C'est pourquoi il n'a plus voulu cacher ses pensées, car disoit il, en cas qu'elles ne trouvent aucune approbation, j'en partagerai le blâme avec ces autheurs là, qui sont des plus renommés dans leur métier ; mais si elles sont approuvées, il est juste que ceus là participent de l'honneur, qui moienant la grace de Dieu, ont participé de l'invention.

G. Vous m'obligerés pourtant, si vous m'en faites part avant qu'elle devienne publique, àfinque j'apporte quèque chose de nouveau à nôtre cour.

M. Son but est de former une methode de naviguer qui soit plus aisée & plus seure, que les susdites, par une imitation des operations de la Geometrie pratique. Car un Ingenieur sait trouver sans faute le chemin inconu d'un lieu à l'autre, lors qu'il sait combien de degrés une ligne tirée de son endroit à celui qu'il va chercher, decline d'un point Cardinal du Monde. Il tire donc sur une tablette, une ligne droite, qu'il appelle la ligne principale, il y marque les degrez de sa declinaison, & la ligne du point Cardinal du Monde, dont cette declinaison là est contée, & regardant par où il peut aller sans s'ecarter de la dite ligne le moins qu'il est possible, il mesure avec son instrument combien la ligne de ce chemin decline de celle là, & aiant dessiné cet angle par un transporteur sur la dite tablette, il s'en va tout droit jusque là qu'il est contraint de se detourner, il conte le nombre des pas qu'il a fait sur son chemin, & le marque moiennant une Echelle de la Grandeur, qu'on y puisse bien distinguer l'espace de cinq ou six pas. Aiant fait cela, il en connoitra de quel côté il se doit tourner, a-
fin

fin qu' il ne s' ecarte pas trop de la ligne principale. Avant donc d' y continuer son vojage, il mesure avec son instrument l' angle qu' il formera en se detournant de la ligne precedente de son chemin, il designe sur sa tablette en connexion avec les traits deja faits, & depuis en pourfuivant son chemin tout droit, il conte ses pas jusque là, où il est forcé de se detourner derechef, & transporte ce nombre des pas de la dite échelle sur la ligne qu' il vient de marques sur la tablette. Continuant toûjours son chemin de cette maniere, il ne manque pas de trouver le lieu proposé par la voie la plus courte. Pour imiter heureufement cette methode dans la navigation, il suppose. 1. Qu' il se faut imaginer un cercle de Position qui va par l' endroit d'où l' on veut partir & par celui où l' on veut aller, pour savoir combien de degrés, il s' ecarte d' un point cardinal du monde. 2. Que l' on peut mesurer les degrés de l' angle, lequel le sillage du vaisseau commanceant son voiage fait avec le dit cercle de Position. 3. Que le cours d' un vaisseau peut être estimé en ligne droite au moins par un espace de vingt miles d' Allemagne. 4. Que l' on peut mesurer assés exactement la longueur du chemin qu' a fait un vaisseau. 5. Qu' il se peut aussi mesurer au moins en demi degrés les angles du sillage ou des detours d' un vaisseau. 6. Qu' il peut tracer justement & sans incommodité ces lignes & ces angles, sur un globe de plâtre dans le quel un espace d' une lieüe est assés sensible. J' espere que personne ne contestera pas les trois premieres suppositions. Des trois dernieres je ne doute pas que Sturm ne nous donne satisfaction par la grace de Dieu. Ainsi j' espere que cette methode de naviguer sera trouvée bonne & praticable, un marinier la pouvant parfaitement apprendre en moins de six heures.

G. Vous promettés beaucoup. Au moins ai-je souvent entendu, qu' il y a là la plus grande difficulté, que l' on mesure justement les distances du voiage.

M. Il est vrai par de differentes raisons, parce qu' un navire fait souvent voile beaucoup plus vite qu' un autre d' une même grandeur & d' une charge egale, ce qui depend ou de sa figure & juste construction, ou de sa superficie bien polie, ou aussi du savoir de ceux qui la chargent. Il y a aussi un courant ou un mouvement secret, qui est presque universel dans l'Ocean du Septentrion & du Midi vers la ligne, & un autre de l' Orient vers l' Occident, qui est d' autant plus sensible, que l' on approche plus de la Ligne. De plus il y a plusieurs courants particuliers, fort sensibles, & quelques fois trés violents, principalement proche de la terre ferme, dont il est presque impossible de determiner la vitesse d' un vaisseau à proportion des vents qui l' agitent.

G. De quels moiens s' est on donc servi jusqu' à present, pour prendre la mesure des chemins?

M. Il y a un certain poids, ou une petite piece de bois chargée de plomb, attachée à une corde, qui est fort longue. L' on jette ce poids de la pouppe dans la mer, & on lâche la corde a mesure pourtant qu' elle ne soit jamais lâche, & on conte les minutes du temps, qui s' ecoulent moiennant un sablier ou une pendule, & aprés avoir rabbattû de la corde un peu d' avantage que la hauteur de la pouppe, le reste se mesure, qui doit egaler l' espace par lequel le vaisseau s' est avancé. De là on peut conclure, par la regle de de trois; en espace, par exemple, de 45. secondes de tems le bateau est avancè 216. aunes, combien avancera-t-il pendant une heure.

G. Mais si l' on fait le poids de la sorte, qu' il nage sur l' eau, il a aussi son propre mouvement, que cause la mer, ainsi je crains que l' on ne commette de grandes fautes dans ce calcul. Mais s' il coule au fond, il est impossible que l' on face le commencement de nombrer la pendule avec la justesse que demande cette observation. De plus il faut tousjours supposer la même vitesse du vaisseau,

qui

qui change pourtant fort souvent. Ainsi l'on y court risque d'amasser des fautes trés considerables pendant un voiage un peu long.

M. Vous ne raisonnés pas mal, & les mariniers ne nieront peutêtre pas, que l'on ne sauroit être assuré de la longueur du chemin par cette methode. Le Pere de Châles, trés celebre Mathematicien voulant remedier à cette pratique, a inventé une machine, dont le mouvement se fait par le vent, mais depuis ce tems là, jusqu'aujourdhuy personne ne l'a mis en pratique. Elle ne se peut declarer sans des figures bien dessinées, c'est pourquoi je la passe sous silence. L'on en peut voir l'Autheur même dans son *Cours de Mathematiques*, Tom. III. Liv. VI. propos. 7.

G. N'y a-t-il pas eu un certain Mathematicien Anglois, qui a voulu mesurer le chemin des vaisseaus au feu & au bruit du canon? Si je ne me trompe, j'en ai lû quelque chose dans les gazettes. De quelle maniere cela se pourroit-il faire?

M. Vous savés sans doute, que lors qu'on voit de loin tirer des canons on entend l'éclat beaucoup plus tard, qu'on ne voit le feu, lesquels sortent pourtant tous deux du canon, dans le même moment. Il se peut donc experimenter par des pendules, un observateur étant eloigné d'une piece de canon mille pas Geometriques, & un autre deux milles, de combien celui-cy entend l'éclat plus tard, que celui-là, car voiant tous deux le feu dans le même moment, ils peuvent aussi inciter leurs pendules dans un même moment. Et de ces quantités connuës ils peuvent aisement savoir les inconnuës.

G. Cette pensée fait d'abord bonne parade, mais en la regardant de plus près, elle en perd beaucoup. Car selon que le vent souffle, ou que l'air est plus ou monis épais, sans doute le son vient aussi plus ou moins tard aux oreilles du même observateur dans la même distance.

D   M. C'est

M. C'est bien remarqué, & outre cela il n'y a pas justement la même proportion entre les espaces & entre les moments du tems, bienque la difference ne soit pas grande, de sorte que dans des espaces mediocres l'on ne puisse observer aucune difference sensible. Cependant quelque peu qu'importe la faute qui en descend, elle ne s'agrandit pourtant que trop par la frequente repetition qu'il faut faire en ce cas là.

G. La depense en seroit aussi fort considerable, parce que tous les jours il faudroit faire plusieurs coups de canon, & en tems de guerre les armateurs ennemis n'en pourroient pas moins tirer de profit.

M. Les depens ne seroient pas de grande importance pour une chose si utile, si les autres difficultés ne le mettoient pas hors d'usage, & qu'il n'y eût pas une difficulté encore plus grande que les autres. Car pour prendre par cette methode, une juste mesure du chemin, il faudroit que le deuxiéme vaisseau ne tirât pas une seconde fois, avant qu'il fut arrivé justement sur la même place où le premier auroit tiré la premiere fois, & cela dans une suite continuelle.

G. Je n'y trouve pas tant de difficulté, que vous vous imaginés, car les deux vaisseaux se pourroient servir des horloges de la même exactitude, & convenir d'un nombre certain des minutes & secondes, qu'il faudroit attendre d'un coup de canon à l'autre.

M. Ce ne seroit pas encore un remede suffisant contre cette difficulté, parce qu'il s'appuye sur de fausses suppositions, savoir 1. que deux vaisseaux vont justement avec la même vitesse, 2. que chaque vaisseau va avec une egale vitesse pendant tout le vojage, 3. que l'on peut donner feu au canon sans manquer d'une ou de plusieurs minutes secondes de tems.

G. Adieu donc aussi à cette invention. En avez vous encore d'autres?

M. Un

M. Un certain ami me donna avis il y a quelques semaines, qu' un de ses parens avoit presenté une machine aux Etats de Hollande, dont l' epreuve ayant parfaitement bien reüssi sur le Zuyder Zee, les Etats ne lui en avoient dit d' autre resolution, que s' il faisoit une seconde epreuve de semblable succez dans la Mer Oceane à ses propres depens l' on ne manqueroit pas de lui en donner satisfacton. Mais il n' a gardé de le faire. C' est tout ce que je say de cette invention. Cependant, consistant dans une machine, elle appartient sans doute à celles dont il s' agit presentement entre nous.

G. Je croi que Messieurs les Anglois & les Hollandois ont determiné un si grand pris de la solution de leur probleme, parce qu' ils sont assurés par avance, que personne ne le resoudra en une perfection qui les oblige de donner la recompense promise. Ainsi ils se mocquent des entreprises de vous autres Messieurs, dont ils tirent quelques fois leur avantage pour rien. Mais Monsieur vous ne le ferés pas pour rien, si vous voulés avoir la bonté de me faire part enfin de l' invention Sturmienne.

M. Si quelque savant homme de cour comme vous Monsieur avoit promis ce prix là, on auroit sujet d' en avoir de semblables pensées. Mais je n' oserois presumer cela des societez aussi grandes, riches, serieuses & distinguées que celles de la Grande Bretagne & de Hollande. Cependant Monsieur vous aurés l' invention que vous me demandez, pour rien. Mais il faut que vous ayés patience, la deduction en etant un peu ample.

G. N' importe, je vous en ferai trés redevable.

M. Du tems d' Auguste, Empereur des Romains un Architecte fort renommé & fort celebre aussi parmi nous par son livre, Vitruve, reflechit deja sur cette matiere, s' imaginant un essieu au travers d' un vaisseau, & hors du vaisseau de deux côtés des roües à moulin attachées aux deux extre-

extremités du dit eſſieu. Au dedans il appliqua au milieu de l' eſſieu une machine comme un contepas. Son invention êtoit, que la mer reſiſtant au cours du Vaiſſeau & tournant l' eſſieu avec ſes roulets, tourneroit avec cela le contepas, ou, pour mieux dire, le contetour, c' eſt à dire, la machine pour conter, combien de fois les roulets ſe feroient tournés pendant l' eſpace d' une heure ou d' une lieüe. Il y a huit ans ou environ, qu' un Docteur en Theologie reformée, Monſr. Mel, qui n' avoit apparement nulle connoiſſance de cette ancienne machine de Vitruve, tomba juſtement ſur le même deſſein, hormis qu' au lieu du contetour, il appliqua une autre machine, qui devoit marquer le chemin du vaiſſeau, ſelon les angles auſſi bien que ſelon la longuer du chemin d' un angle à l' autre. J' ai veu l' ebauche de ſon deſſin, & le dedans, c' eſt à dire, la machine pour tracer la figure du chemin, me paroiſſoit alors aſſés praticable, mais touchant ce qu' il avoit de commun avec Vitruve, il eſt evident, qu' il ne vaut rien. Mais on dit, que ce reverend Autheur, ayant receu mon ſentiment là deſſus, en a été fort malcontent, & que non obſtant cela, il a preſenté ſon invention à la Compagnie des Indes à Amſterdam.

G. Cependant on comprendra aiſement qu' elle ne peut reüſſir ſur la mer. Car les vaiſſeaux s' y inclinants tantôt de l' un tantôt de l' autre côté, plongeroient l' un des roülets, & eleveroient l' autre hors de l' eau, & je craindrois que le vent ne s' oppoſe ſouvent au mouvement des roulets, dont ils pourroient courir riſque d' être tout à fait fricaſſé. Mais on ſe ſerviroit peutêtre avec avantage d' une telle machine ſur des rivieres, pour en faire des plans Geometriques.

M. Vous jugés trés bien, & je crois que Beſſon, fort habile Ingenieur du Dauphiné en France a déja obſervé les mêmes fautes de la machine Vitruvienne. Il ecrit un livre, intitulé Theatre de Machines, je crois l' an 1578. qui fut bien

tôt

tôt traduit en la langue Allemande. A la verité la pluspart des machines qu'il y represente, sont remplies de caprices & de bizarrieries peu convenables à la pratique; les figures en sont fort mal definées, & le texte avec les annotations d'un certain Beroald, est fort concis, ainsi que peu de gens en peuvent tirer quelque profit. Cependant, ces defauts ne venant point de l'ignorance de l'Autheur, mais plûtôt de ce qu'il affecte de faire myftere de tout, il ne laiſſe pas d'inſinuer de bonnes penſées à ceux qui entendent le métier. Celui cy propoſe dans la cinquante ſeptiéme figure une machine d'une maniere dont on a de la peine à ſe former la moindre idée, & le texte ne contient que les mots ſuivants, que j'ai traduits de la traduction allemande, imprimée à Montpeliard: *Un ouvrage artificiel, qui n'a jamais vû le public, lequel etant posé dans le bas ventre d'un navire, & ſe tournant moiennant de l'eau que l'on fait tomber par un tuyau ſur les roües, quand le navire eſt dans ſon cours il montre ſurement & ſans faute combien de chemin le vaiſſeau a fait.* Dans la ſuite il ne dit plus rien de la conſtruction de cet ouvrage, hormis qu'il ajoute encore ce peu de paroles de la machine, qui marque les meſures du chemin: *Je ſai bien la diſpoſition des roües, mais je n'ai pas encore experimenté le nombre de leurs dents, c'eſt une choſe a eſſaïer pour ceux, qui naviguent ſouvent dans la mer.* Bien que j'aye ce livre il y a deja long tems, je n'ai jamais pris la peine de le regarder, parceque les figures eſtropiées me font croire, qu'il n'y a rien que de pures ſottiſes. Ainſi la machine preſente me ſeroit tousjours inconnüe, ſi je n'avois pas trouvé une remarque dans le journal des ſavans de l'année 1709. p. 6911. dans une lettre d'un certain Sr. la Montre, où il fait mention d'une ſemblable machine inventée par un Sr. de Hautefeville. Le ſtile eſt fort piquant, mais le contenu marque fort peu d'eſprit de l'Autheur. Vous ne trouverés pas mal à propos que je liſe le paſſage qui nous appartient: *La machine*, dit il, *dont il s'agit eſt compoſée de deux parties,*

l'une

l' une desquelles est inventée par Monsr. de Hautefeville, à laquelle il a cousu une vieille drogue, qu' il apelle le contepas nautique de Vitruve, qui en fait la seconde partie. Cette derniere avoit êté renouvellée, il y a plus de 100. ans par Jacques Besson, sur la foi du quel aussi bien que de celle Beroald son commendateur Monsr. de Hautefeville a crû que dans les navires il y a un trou, par ou l' eau entre, ce qui pourroit faire tourner la roüe ailée du contepas.

G. Mais quelle est donc la construction de la machine de Hautefeville?

M. Je n' en sai rien.

G. Sturm aura sans doute eu connoissance de tout cela, car on m' a dit qu' il etoit de grande lecture. Ne differés donc plus de me dire quelle machine il a enfin fait éclore.

M. Je suis certain, que lors que ses pensées lui sont venües, il n' a encore rien sû de tout cela, & il n' y a que trois semaines que je lui en ai fait part. Il les entendit avec beaucoup d' indifference, il s' est même rejoui de ce que d' autres avoient eu les mêmes pensées, & qu' il a receû cela avant que de les rendre publiques, pour ne s' attirer innocenment le honteux caractere de plagiaire.

G. Vous me surprenés, son invention n' est donc autre chose que celle de Jacques Besson?

M. C' est ce qu' on peut soupçonner, lorsqu' on considere bien les paroles que je viens d' alleguer du livre de celui-là. Cependant il est impossible de savoir en détail leur accord, parceque personne ne sait plus rien de l' invention de Besson, excepté ce qu' il nous a laissé dans son livre. Aussi ne pouvons-nous jusqu' à present obtenir aucun eclaircissement de la machine de Monsr. Hautefeville.

G. Je vous demande donc l' eclaircissement de la vôtre.

M. Si

M. Si je vous devois donner une entiere satisfaction, il me faudroit avoir un modéle materiel d'un vaisseau, ou du moins des plans & des profils, bien que ceus, qui n'ont eu aucune information dans les mathematiques n'en profitent pas beaucoup. Je ferai pourtant tout mon possible pour vous en faire une idée assez distincte pour en parler seurement. *Voyés la Planche de figures.* Il faut donc premierement faire une auge, large en oeuvre 3. pieds, 3. pouc. longue 6. & haute 4. pi. 9. pou. & la mettre ferme sur les poutres ou baus du premier êtage dans la Cajute des Canoniers. Il faut que son fond soit d'un demi pied ou environ plus bas, que la superficie des eaux de la mer calme. Il doit avoir la figure d'un parallelepipede oblong, dont la pointe regarde la pouppe. Le dedans doit avoir la forme d'un canal un demi pied de large & 1½. pieds de haut, qui enferme au milieu un espace vuide, large 1½. pieds. Il faudroit revêtir tout le canal de cuivre, dans le canal de coté & d'autre il se met deux roües ailées concentriques & d'une même grandeur & construction, & chacune d'elles doit avoir à l'extremité interieure, sur l'espace vuide, un pignon qui pourroit avoir 75. ailes, mais qui n'en a effectivement qu'une seule, par laquelle il tourne peu a peu une roüe à cents dents, qui porte dans son essieu un autre pignon plus petit, mais semblable au premier, & encor, hors de l'étuy, une montre ou aiguille d'horloge. Ce pignon tourne une autre roüe a 100. dents d'une semblable construction, & celle cy une troisieme. Mais principalement il faut faire la disposition des deux roües ailées de la maniere que l'une d'elles tournant, l'autre demeure en repos. L'eau se conduit dans cette auge moiennant deux tuyaus d'un demi pied de diametre, ou ils sont attachés à l'auge, mais s'elargissants tout doucement vers leurs embouchures. Celles cy s'ouvrent dans la proüe de côté & d'autre tout proche du Capion, que les mariniers Hollandois nomment *Voorsteven*. Deux semblables tuyaus sortent du derriere de l'auge par

les

les côtés du vaisseau tout proche de la pouppe. Il faut que l'on puisse bien fermer toutes les embouchures de ces tuyaus, pour bien diriger le cours de l'eau, afin qu'elle y entre toûjours sans aucun desordre ou violence par une des ouvertures de la proüe, & qu'elle sorte par une de la pouppe moiennant deux de ces tuyaux, les deux autres demeurant cependant bouchés. Par cette construction je suis seur que rien ne fait tourner la roüe ailée que la resistance, laquelle la mer fait contre le cours du vaisseau.

G. Je n'en puis pas être d'accord, à moins que vous eprouviés que la mer étant courroucée, les eaux dans les tuyaux ne cessent pourtant pas d'etre coïes, & qu'elles ne s'agitent que par le seul cours du vaisseau.

M. Ces eaux ne reçoivent pas un mouvement propre par l'avancement du vaisseau, & faisant un tour continuel avec le reste de la mer, le vaisseau ne se pourroit pas avancer tant soit peu, si n'y entroit pas continuellement, par l'embouchure de devant des tuyaux, de l'eau nouvelle & cela ne se pourroit faire, sans que l'eau qui entroit d'abord s'en ecoule à proportion par une des embouchures de derriere. Ainsi l'eau ne coule pas proprement par le tuyau, mais le tuyau passe plûtot par un grand fil de la mer, comme le tuyau d'un courrentin ou d'une fusée courante parcourt une corde attachée aux deux bouts. La roüe ailée ne peut pas arrêter ou retarder ce mouvement du vaisseau, parce qu'elle se tourne fort aisément. Mais pour ce qui regarde la premiere partie de vôtre objection, il n'y a rien à craindre du courroux de la mer, parce qu'il s'appaise tout à fait dans le detroit des tuyaux.

G. Il semble pourtant qu'il puisse bien arriver, courant de la mer qu'un courroit directement à l'encontre de la proüe, il qui ne laisseroit pas de faire tourner la roüe ailée, bien que le vaisseau n'avanceroit point.

M. H

M. Il n'arrivera jamais qu'un Pilote dirige son cours directement contre un courant, mais quand celui-cy rencontre obliquement le vaisseau, il va rompre sa force au Capion de la proüe. Cependant on bouche le tuyau, qui est exposé au courant, & ouvre l'autre, qui en est caché par le dit Capion. Mais supposons que ce que vous craignés, puisse arriver, au moins il ne se fera que trés rarement, & dans des étendües peu considerables. Alors il faudroit fermer tous les tuyaus, & se servir cependant d'une methode vulgaire de mesurer le chemin, dont la faute n'importeroit pas grande chose dans un espace si court.

G. On a pourtant sujet de craindre que la chose ne reüssisse que seulement en cas que ce vaisseau marche tranquillement par un plan horizontal. Mais aussitôt qu'en flottant il baisse la proüe, il faut que l'eau dans le tuyau monte au lieu que d'ordinaire elle descend, & quand il eleve la proüe, l'eau du tuyau tomberoit avec trop de force, & il me semble que ce changement des mouvements ne s'accorde point du tout avec vôtre dessein.

M. Il n'y a rien à craindre, parceque les vagues se balancent, pour ainsi dire, l'une l'autre. De même donc que l'eau qui descendant dans un tuyau d'une montagne, monte une autre montagne d'une hauteur egale aussi aisement, qu'elle coule dans une plaine à peu prés horizontale, il ne se trouvera non plus aucun changement de l'eau marine par raport au tuyau de nôtre machine, de quelque maniere que la mer soit courroucée.

G. N'y a-t-il rien à craindre, lorsque l'un des tuyaux, par lesquels l'eau sorte de la machine, se plonge dans la mer d'un côté, pendant que autre s'eleve au dessus de la surface de la mer de l'autre côté.

M. S'il y avoit effectivement quelque obstacle, l'on pourroit aisement poser les tuyaux tout droits de la sorte, qu'ils sortent par le milieu de la poupe, de la même manière qu'est leur entrée de la proüe. Et je suis même persuadé, par plusieurs raisons, que cette disposition-cy vaudroit mieux que celle, que j'ay exprimée dans la figure. Mais je n'y trouve aucun obstacle, parceque l'eau sorte toujours par le côté detourné des vents, c'est à dire, par le tuyau baissé, où la mer, au dessous de sa surface, resiste à la sortie de la dite eau encore moins que sur la surface même. Y a-t-il encore quelque difficulté qui vous embarasse ?

G. Encor une s'il vous plaît, laquelle vous ne trouverez pas plus importante, bien qu'elle me semble fort grande. C'est que l'on m'a dit, que les courants & même les orages emportent tres-souvent des vaisseaux bien loin de leur route, & que son avancement selon la direction de la proüe n'est pourtant pas fort grand. Vû donc que vôtre machine ne mesure les avancements ni les angles des detours, que selon la direction de la proüe, & que le dit detour selon la direction des flancs du vaisseau se faisant par une grande etendüe ne peut être conté pour rien ; il est evident qu'en tel cas vous ne pouvés que très imparfaitement dessiner la suite de vôtre voyage.

M. Ou je ne vous entens pas Monsieur, ou un tel cas ne peut arriver, parce qu'il n'y a pas aparence qu'un Pilote étant pourvû de ma machine se voudroit opiniâtrer à donner les flancs de son vaisseau plus tôt à une telle violence des eaux ou des vents que de quitter la direction de sa route ; mais il s'avisera plûtot de s'accommoder à cet accident inevitable, & de diriger la proüe selon la direction des eaux ou des vents, étant assuré de trouver par sa machine les mesures de ce violent detour aussi bien que de retrouver sa premiere route aussi tôt que cesse la violence invincible.

G. Pour moi, je n'y trouve rien à contredire, mais j'en

j'en attendrai la publication avec impatience, pour voir si d'autres ne feront pas des objections plus solides. Pour le present, il faut que je m'en aille, car l'heure de diner s'approche. Je suis vôtre serviteur jusqu'a révoir.

M. Et moi je suis de ce sentiment, que personne ne pourra rien opposer d'importance par un pur raisonnement, bienque je n'ose soutenir, que l'experience n'y puisse decouvrir quelques defauts. Et si même cette machine ne reussit point, on n'en trouvera guere de meilleures. Au reste je me recommende à vos bonnes graces.

Cinquiéme & dernier Dialogue,

Du reste des moyens de trouver la place d'un navire dans la mer.

G. Bonjour, Monsieur, me voici, comme j'espere la derniere fois, pour vous incommoder de mes questions. Car aujourdhui nous acheverons sans doute proposée matiere. Je me flatte d'avoir bien compris ce que vous m'avez dit jusqu'à present. Or dites moi s'il vous plait, de quelle maniere vôtre ami prend-il la mesure des detours du vaisseau, ou des angles du Sillage.

M. Il se sert pour cela d'une Boussole, dont le cercle de la Rose est divisé en 360. degrés & non obstant la variable declinaison de l'aiman, il en derive les mesures sans faute. J'ay par hazard songé à une autre methode, qui pourroit étre preferable à celle-là, parce qu'elle serviroit en même tems à trouver la declinaison de l'aiman en tous les endroits, pourvû que je puisse étre tout à fait certain de sa bonté.

G. Dites moi, s'il vous plaites pensées, car je suis fort curieux d'apprendre quelque nouveauté.

M. Je voudrois pour cela me servir du timon. Mais pour vous le faire bien comprendre, il faudroit auparavant expliquer l'usage du gouvernail, mais cela n'étant pas fort difficile, pourtant il ne se peut faire sans une figure Geometrique.

G. Voilà ce que j'ai souhaité d'entendre il y a long tems. Car il est merveilleux, que le seul Pilote tourne un bâtiment d'une prodigieuse grandeur moienant un petit bois comme un cavalier tourne son cheval par la bride. C'est pourquoy je ne manquerai pas de faire tous efforts pour vous entendre, pourvû que vous vous efforciés aussi de faire la chose aussi intelligible, qu'il se peut.

M. Faites vous donc (par la figure presente) une idée de deux perches, posée l'tout proche une de l'autre (comme AC & DE) & que l'extremité de l'une (C) soit attachée vers le milieu de l'autre (en E). Concevés après un bloc (B) posé ferme vers le milieu de la premiere, & un autre (fF.) contre l'extremité de l'autre. Quand celle-cy s'avanceroit un peu (de l'F en f) tenant toûjours ferme au bloc, & se tourneroit ensemble (autour de l'F. comme centre, de D. en d.) & une autre force pousseroit l'autre perche à son extremité (A vers a) ainsi que les perches obtiennent une situation oblique l'une à l'autre (comme df & ea) : il est evident, que les deux angles ou ouvertures (Dfd & ABa ou eBC) ne seroient pas egales, mais il est croiable qu'il y auroit un certain rapport entre eux, parce que rien n'y change que les ouvertures des angles, qui dependent pourtant l'une de l'autre, & se font par un mouvement uniforme.

G. O quel dommage que je n'ai pas appris les mathematiques dans ma jeunesse. Tout ce que vous venés de dire, ne se represente à mon esprit, que comme une chose vûe de loin. Principalement je ne puis comprendre, quel rapport il y a entre vos perches & entre un vaisseau & son gouvernail.

M. Vous

M. Vous le comprendrez tantôt : Mettés donc au lieu de la perche AC. un navire, de sorte que l'A soit la proüe & C la pouppe, & la resiſtance de l'eau, qu'elle fait au mouvement du vaiſſeau vers le côté, au lieu du bloc B. Alors la perche DF. ſera le gouvernail, qui eſt attaché à la pouppe C. à un point entre le milieu & l'autre extremité. La reſiſtance que l'eau fait au mouvement du gouvernail en F. obtiendra le lieu du bloc f. la force qui tourne l'autre extremité du Gouvernail D. en d, eſt du pilote, & la force laquelle pouſſe la proüe de A. vers a. c'eſt la mer agitée par le vent. C'eſt pourquoi je ſuis perſuadé, qu'il eſt facile de trouver la proportion des angles, qui ſe forment par le mouvement du timon aux angles des detours du vaiſſeau, par tous les degrés par experience mojennant la Bouſſole, dans une etenduë de la mer, dans la quelle la declinaiſon de l'aiman n'a point de varieté.

G. Je commence à mieux comprendre la choſe. Mais pourquoi avez vous ſuppoſé, que la perche DF. avance un peu de l'F. vers f. & qu'elle tienne pourtant ferme au bloc ?

M. Parceque le vaiſſeau avance auſſi quelque peu pendant que le pilote tourne ſon Timon, & la reſiſtance, laquelle la mer oppoſe au gouvernail en F. eſt plus forte, que la reſiſtance du vaiſſeau, c'eſt pourquoi l'extremité du gouvernail F. ne tourne pas autour de ſon centre C. mais ce centre tourne de l'E. en e comme l'extremité du timon de D. en d. autour de F. comme leur centre commun. Et ce qu'il vous reſte encore quelque ſcrupule :

G. Le moien d'y avoir des ſcrupules, vû que la pluspart de ces choſes paſſe au deſſus de mon eſprit.

M. Mais je n'oſerois pourtant vous vendre cette penſé pour une verité aſſurée, parce que je n'ai pas moi même autant de conniſſance de l'uſage & des effets du gouvernail, ni de toutes les circonſtances particulieres, ni l'oc-
caſion

38   Probleme de la Longitude.

cafion de m'en informer, ce qu'il me faudroit pourtant pour fonder là deſſus une invention ſans crainte & ſans faute.

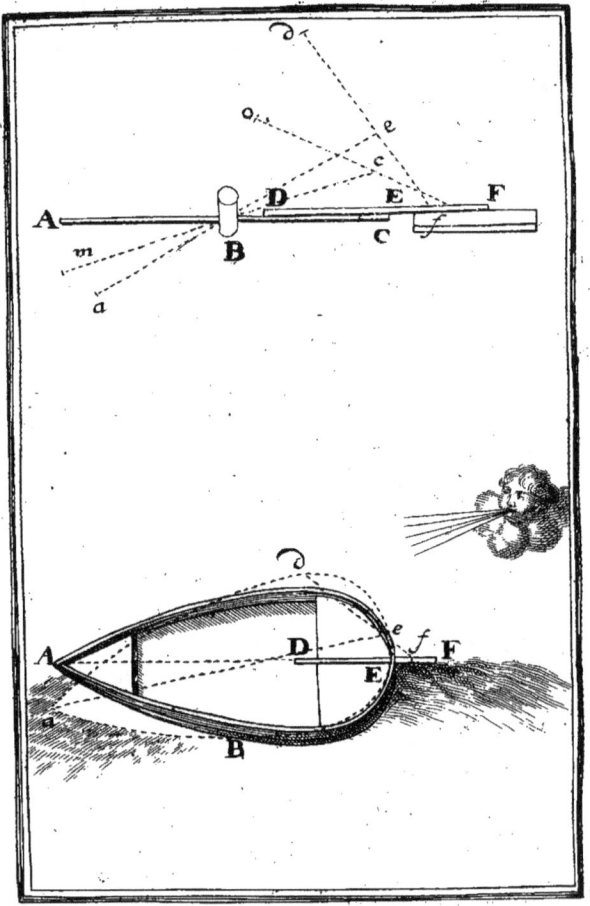

G. N^c

Probleme de la Longitude.

G. Ne pourriez vous trouver une inſtrument ſemblable à celui de Monſr. Mel?

M. Je ſaurois bien appliquer à nôtre ailée rouë une machine, laquelle traceroit des lignes droites dans une juſte proportion avec le ſillage d'un detour à l'autre, mais pour y decrire les angles des detours, je ne trouve aucun moien, parce qu'il ſeroit neceſſaire pour cela, ſi la machine ſe tournoit avec le vaiſſeau, qu'il y eût une partie pour tourner autant au contraire vers l'autre côté, ce qui me paroit pourtant impoſſible dans le cas preſent.

G. Je crois donc qu'il vaut mieux, de n'aller plus loin que vôtre ami s'en eſt allé au devant. Mais comment dites vous, que la varieté de la declinaiſon de l'aiman ne l'empêche point, de ſe ſervir de la Bouſſole juſtement & ſans faute?

M. Parce qu'il n'eſt pas queſtion de connoître veritablement le point du Septentrion au Monde, mais ſeulement de meſurer la Grandeur des angles. Ainſi il faut obſerver, que le Pilote donne un ſigne quand il va changer la ligne de ſon cours pour prendre un detour, afinque l'obſervateur de la Bouſſole y regarde, pour obſerver ſi elle marque encore le même degrés, qu'elle avoit marqué au commencement de cette ligne, parce qu'il pourroit arriver, que la declinaiſon de l'aiman eût changé. Au reſte la difference des nombres des degrés, que la Bouſſole marque en même tems & dans un même endroit ſur la ligne que l'on va quitter, & tout incontinent aprés ſur celle que l'on prend dans le detour, donne ſans aucune faute la Grandeur de l'angle de ce detour.

G. Laiſſons donc cela, pour m'entretenir encore un peu detout le procedé qu'il faudroit tenir dans le vaiſſeau, pour prendre la meſure des angles & des lignes à la maniere, que vous venés d'expliquer.

M. II

M. Il faudroit avoir continuellement un obfervateur dans la Cabane des Canoniers. La manivelle du Timon ou l'Orgeau y monte, comme vous favés, par deux trous coupés dans le plancher de la demeure du capitaine & dans celui du pilote. En cas donc que l'on trovât bonne la penfée que je vous ai expliquée, le dit trou fe pourroit border au deffous du plancher qui couvre la cabane des canoniers d'un arc de léton, divifé en fes degrés & minutes, afficheant une grande aiguille dans la manivelle du Timon, pour montrer juftement les degrés & minutes que la manivelle paffe en étant tournée par le Pilote. Il faut qu'il y ait auffi dans la même cabane une Bouffole divifée en degrés. L'obfervateur fe mettroit alors à une table, de la forte, qu'il ait toutes ces chofes devant les yeux, favoir le grand arc du Timon, le contetour, la bouffole & l'horloge, & aiant des tablettes diftinguées en fix colomnes, il y devroit marquer auffitôt que le Gouvernail fe tourne, dans la premiere colonne les degréz, & minutes, que la manivelle marque moienant fon aiguille dans le grand arc, dans la troifieme le nombre de contours des la roüe ailée, & dans la cinquiême les degrés de la bouffole. Le Directeur des Obfervateurs pourroit après cela deduire de ces tablettes les angles des detours du vaiffeau, qu'il marqueroit dans la deuxieme colonne, les lieuës du chemin, dans la quatrieme, & les declinaifons de l'aiman dans la fixieme.

G. Je laiffe à d'autres de juger de ce procedé, qui eft mis au refte dans un bon ordre. Mais il me femble, qu'il y ait une difficulté qui merite de n'étre pas meprifée. Parceque la dite obfervation fe devroit continuer fans interruption jour & nuit, comment pourroit on avoir un nombre fuffifant de perfonnes habiles à cela, car il faudroit qu'ils fachent les Mathematiques, & comment pourroit on s'affurer de leur diligence & de leur fidelité?

M. On

Probleme de la Longitude.

M. On a toujours besoin d' un grand nombre de personne pour un grand vaisseau, principalement pour un vaisseau de guerre, & il est aisé d' en instruire quelques uns pour bien servir, car la science n' en est pas difficile, & ces gens là ne sont pas trop accablés d' affaires dans leur fonction, pour ne pouvoir se charger, l' un apres l' autre, pendant une ou deux heures, de cette observation. Le pilote même en pourroit avoir la direction. Et quel inconvenient y auroit, il, d' établir tout exprés pour cela un directeur & trois commis, dont chacun auroit huit heures à travailler & seize de repos. Car il ne faut qu' un vaisseau dans lequel ces observations se font, pour une Flotte entiere. Pour ce qui est de la fidelité & de la diligence, il ne faut point d' autres precautions que dans toutes les fonctions du monde.

G. Vous avés fait mention d' un trait des angles & des lignes mesurées, qui se doit faire sur un grand globe, comment se fait cela?

M. Il faudroit fabriquer dans la ville maritime, qui est proprietaire des vaisseaus à instruire de la sorte un globe de plâtre bien juste & poli, & marquer là dessus les Meridiens, la Ligne & les paralleles le diamétre en pourroit étre au moins de dix huit pieds. On en doit former depuis une moule aussi de plâtre, composée de trente deux pieces marquées de chiffres & avec des entailles. Quatre en font la premiere assise autour du Pole austral, douze la seconde depuis le cercle du pole austral jusqu' à la Ligne, douze autres la troisiême depuis la ligne jusqu' au cercle du Pole septentrional, qui se couvre des quatre dernieres pieces. Dans ces moules se peuvent aprés cela former tant de pieces, qu' il faut pour y dessiner tout le voiage proposé d' un vaisseau, ce qu' on apprend moienant un globe terrestre ordinaire ou une mappemonde. Elles se peuvent faire bien deliées de trés fines, & les enduire par derriere de linge ou de gros

F   carton

carton pour le faire plus durables Aprés cela les parties con-
convenables aux meridiens & aux paralleles s'y peuvent
copier du grand globe. Il faudroit encore quelques regles
flexibles de leton bien delié dans lesquelles se puissent tailler
des échelles. Ces pieces de globe trouvent place aisément & sans incommoder personne dans la Cabane du Pilote. Je ne dirai rien de la methode d'y faire le trait des
lignes & des angles marqués dans les tablettes mentionées.
C'est une chose connuë même aux apprentifs de la geometrie & pourtant inexplicable à ceux qui ne savent point
du tout les Mathematiques.

G. Je me souviens, que vous disiez encore d'une partie de cette invention, que vous aviés trouvé dans un livre imprimé il y a deja long tems, & qui a été inconnû à
vôtre ami lors qu'il avoit fait son projet. N'est ce pas cette maniere de globe?

M. Vous l'avés deviné, mais c'est Sturm même,
qui me l'a montré, c'est la geographie de Ricciolus, qui
Liv. X. Chap. 28. enseigne à faire de bonnes Cartes maritimes savoir, qu'on les doive dessiner sur de grands cartons
courbés de la sorte, qu'elles s'accommodent bien à un globe de trente six pieds de diamétre. Il y enseigne aussi la
maniere de les former, qui est fort differente de la fabrique
du globe que je viens de vous expliquer.

G. Vous reste-t-il encore quelque remarque, qu'il
me faudroit savoir?

M. Non Monsr. je ne vous en cache point.

G. Il ne reste donc que d'en attendre les sentiments
du public. Pour moi, si Sturm etoit de mes amis, je lui
conseillerois de câcher encore cette invention & de recher-
cher

cher quelque Patron par la recommendation duquel il la pourroit addresser dans des doux moments à quelque puissance maritime. C'est le point principal pour faire reüssir une affaire. La meilleure invention du monde se peut anneantir en negligeant cette precaution, & quelquefois une pensée de peu d'importance rend heureux celui qui se conduit sagement au monde, & qui fait bien faire la cour.

M. Vous avés raison, car le monde trompe toûjours & veut être trompé. Mais Sturm, si je le connois à fond, entendant cette conduite, & l'ayant même pratiqué autrefois, a le caprice de ne s'en acquiter plus. Il prend des precautions comme ça, pour une subtile idolatrie.

G. Il ne faut donc pas s'étonner, de ce qu'il fait si mal ses affaires.

M. Aussi ne s'en etonne-t-il point du tout. Il est toûjours prét de servir le monde avec humilité & de bonne foi, mais sans l'adorer. Il ne demande pour cela ni honneur ni gloire ni richesses, & sachant que personne ne possede rien que par la seule grace de Dieu, il tient à grande folie de s'orgueuillir sur des sciences ou d'autres prerogatives, disant que la meilleure maxime d'être veritablement heureux, c'est de prier Dieu, de travailler avec assiduité, de faire connoître de la capacité, & de la fidelité d'être content de l'état, que le bon Dieu lui accorde.

G. Il faut avoir pitié de lui par raport à ces maximes là. Il ne trouvera pas beaucoup de sectateurs.

M. Et lui, il a aussi pitié de ceux, qui croient que ces maximes si veritables, & si utiles ne sont qu'une caprice ou une sottise, & qui s'en consolent toûjours par le cinquième chapitre de la Sagesse de Salomon.

F 2   G. Bri-

G. Brisons là, car il est tems de m'en aller, cependant je vous suis bien obligé. Si je suis capable de vous servir, vous n'avez qu'à commander. Je suis vôtre serviteur tres humble.

M. Monsieur je suis le vôtre de tout mon coeur.

F I N.

www.ingramcontent.com/pod-product-compliance
Lightning Source LLC
Chambersburg PA
CBHW070543080426
42453CB00029B/1027